Екатерина Тихомирова

Метеорные и элементарные частицы: взаимодействие

AF153085

Екатерина Тихомирова

Метеорные и элементарные частицы: взаимодействие

Исследование негравитационных эффектов в движении метеороидов

LAP LAMBERT Academic Publishing

Impressum / Выходные данные

Bibliografische Information der Deutschen Nationalbibliothek: Die Deutsche Nationalbibliothek verzeichnet diese Publikation in der Deutschen Nationalbibliografie; detaillierte bibliografische Daten sind im Internet über http://dnb.d-nb.de abrufbar.
Alle in diesem Buch genannten Marken und Produktnamen unterliegen warenzeichen-, marken- oder patentrechtlichem Schutz bzw. sind Warenzeichen oder eingetragene Warenzeichen der jeweiligen Inhaber. Die Wiedergabe von Marken, Produktnamen, Gebrauchsnamen, Handelsnamen, Warenbezeichnungen u.s.w. in diesem Werk berechtigt auch ohne besondere Kennzeichnung nicht zu der Annahme, dass solche Namen im Sinne der Warenzeichen- und Markenschutzgesetzgebung als frei zu betrachten wären und daher von jedermann benutzt werden dürften.

Библиографическая информация, изданная Немецкой Национальной Библиотекой. Немецкая Национальная Библиотека включает данную публикацию в Немецкий Книжный Каталог; с подробными библиографическими данными можно ознакомиться в Интернете по адресу http://dnb.d-nb.de.
Любые названия марок и брендов, упомянутые в этой книге, принадлежат торговой марке, бренду или запатентованы и являются брендами соответствующих правообладателей. Использование названий брендов, названий товаров, торговых марок, описаний товаров, общих имён, и т.д. даже без точного упоминания в этой работе не является основанием того, что данные названия можно считать незарегистрированными под каким-либо брендом и не защищены законом о брендах и их можно использовать всем без ограничений.

Coverbild / Изображение на обложке предоставлено: www.ingimage.com

Verlag / Издатель:
LAP LAMBERT Academic Publishing
ist ein Imprint der / является торговой маркой
OmniScriptum GmbH & Co. KG
Heinrich-Böcking-Str. 6-8, 66121 Saarbrücken, Deutschland / Германия
Email / электронная почта: info@lap-publishing.com

Herstellung: siehe letzte Seite /
Напечатано: см. последнюю страницу
ISBN: 978-3-659-57257-9

Copyright / АВТОРСКОЕ ПРАВО © 2014 OmniScriptum GmbH & Co. KG
Alle Rechte vorbehalten. / Все права защищены. Saarbrücken 2014

ОГЛАВЛЕНИЕ

ВВЕДЕНИЕ   3

Глава 1. Дифференциальное уравнение движения метеорной частицы   9
          с учетом светового давления, эффекта Пойнтинга-
          Робертсона и его корпускулярного аналога

    1.1. Уравнение движения метеорной частицы с учетом   9
          негравитационных сил

    1.2. Определение изменения большой полуоси орбиты за один   11
          оборот метеорной частицы

    1.3. Определение изменения эксцентриситета орбиты за один   14
          оборот метеорной частицы

    1.4. Осредненное уравнение движения метеорной частицы и его   15
          интегрирование

    1.5. Примеры   18

          1.5.1. Оценка возраста метеорного потока   18

          1.5.2. Уравнение движения метеороида, выведенное через   25
          афелийное r_a и перигелийное r_p расстояние с учетом
          светового давления, эффекта Пойнтинга-Робертсона и его
          корпускулярного аналога

    1.6. Численное интегрирование уравнения возмущенного   26
          движения метеороидов с учетом влияния фотонов и
          протонов
          Выводы

Глава 2   Смещение радиантов метеорного потока под действием   31
          негравитационных сил

    2.1. Изменение истинной аномалии метеорной частицы   31
          находящейся на возмущенной орбите за один оборот на

одном и том же гелиоцентрическом расстоянии

2.2. Оценка смещения радианта метеорного потока за один оборот метеорной частицы   32

2.3. Примеры   36

Глава 3. Метод отождествления родительских тел метеорных потоков   39

3.1 Установление критерия тождественности родительских тел метеорного потока   39

3.2 Исследование надежности критерия k 47

3.3. Примеры применения критерия k 49

ЗАКЛЮЧЕНИЕ   51

СПИСОК ЛИТЕРАТУРЫ   53

ВВЕДЕНИЕ

Малыми телами Солнечной системы традиционно называются астероиды (малые планеты), кометы и метеороиды. Проблема построения модели движения малых тел в Солнечной системе довольно сложна и далека от разрешения. Силы, обусловливающие движение небесных тел, чрезвычайно многочисленны и разнообразны по характеру и происхождению. Законы, определяющие их изменение, в некоторых случаях известны приблизительно, а в некоторых совершенно неизвестны. Изучение движения с абсолютной точностью и во всех подробностях невозможно. Поэтому точная задача всегда заменяется приближенной, учитывающей наиболее значительные из известных сил.

Таким образом, основными задачами современной метеорной астрономии в настоящее время являются: 1) изучение проникновения метеоров в земную атмосферу, 2) изучение метеорного вещества, его движения и развития в космическом пространстве, 3) изучение роли метеоров в происхождении и развитии Солнечной системы.

<u>Актуальность темы</u>

Для исследования эволюции малых тел Солнечной системы применяют численные и аналитические методы. Существуют следующие проблемы, в рамках исследований малых тел:

- построение полноценной модели эволюции малых тел Солнечной системы в окрестности Земли, включающей возможные источники пополнения этой популяции;

- изучение популяций малых тел Солнечной системы как сплошной среды, эволюции и миграции, как для единичных объектов, так и для всего ансамбля тел.

Все виды малых тел населяют весь объем Солнечной системы, в том числе и окрестности Земли. Вблизи своей планеты мы имеем возможность исследовать не только сравнительно крупные небесные тела, такие как астероиды и кометы, но существенно более мелкие – метеороиды, наблюдаемые как метеоры и болиды при их сгорании в атмосфере. В связи с активным развитием космической эры, запуском многочисленных искусственных спутников, разработкой и воплощением в жизнь космических миссий (многие из которых предполагают длительные полеты) появилась проблема защиты космических аппаратов от бомбардировки метеороидными частицами. Говоря о защите Земли, нельзя забывать о функциях атмосферы, которая уберегает от незначительных опасностей, однако в случае космических аппаратов частицы даже незначительных размеров могут привести к непоправимым последствиям. Поэтому, говоря об исследовании движения небесных тел в окрестностях Земли, необходимо рассматривать всю их совокупность, как микрометровых, так и километровых размеров.

<u>Цель работы</u>

Описание эволюции эллиптических орбит комет и связанных с ними метеороидных частиц в аналитическом виде в гравитационном поле Солнца с учётом совместного действия светового давления, эффекта Пойнтинга–Робертсона и солнечного ветра.

Разработка метода отождествления «родительских комет» и метеорных потоков.

Установление в явном виде зависимости между изменениями эксцентриситета, большой полуоси орбиты метеороида и смещением радианта метеоров на интервале времени, соответствующем одному орбитальному периоду частиц, порождающих данные метеоры.

4

Разработка метода оценки возраста метеорного потока.

<u>Научная новизна</u>

Настоящая работа посвящена изучению динамических особенностей малых тел Солнечной системы.

1. Впервые получена квадратура, позволяющая оценить время жизни метеорного потока с учетом действия негравитационных факторов на движение метеорных частиц.

2. Впервые произведена оценка смещения метеорного радианта под действием негравитационных сил

3. Впервые предложен динамический критерий отождествления кометы и метеорного потока с учетом действия негравитационных факторов.

4. Впервые исследована долговременная эволюция большой полуоси и эксцентриситета кометных частиц под влиянием светового давления, эффекта Пойнтинга – Робертсона и его корпускулярного аналога.

<u>Практическая значимость</u>

Решение поставленных задач позволяет приблизиться к построению полноценной модели малых тел в Солнечной системе. Эволюция орбит метеороидов, рассматриваемая в гравитационном поле Солнца с учётом совместного действия светового давления, эффекта Пойнтинга–Робертсона и солнечного ветра позволяет также сравнить действие вышеперечисленных факторов на изменение большой полуоси и эксцентриситета, афелийного и перигелийного расстояний.

Полученные значения смещения радиантов метеорных потоков позволяют сделать вывод, что для некоторых потоков смещения вносимые действием гравитационных возмущений от всех планет превосходят действие негравитационных факторов.

Исследование метеорных потоков и их родительских тел позволяет получить подтверждение о возможности предложенного критерия для отождествления метеорных потоков и комет. Кроме того, приведена попытка нахождения родительских тел метеорных потоков.

Апробация работы

Результаты работы докладывались и обсуждались на следующих конференциях и семинарах: Международная конференция «Околоземная астрономия – 2005». Казань, КГУ, 19-24 сентября .2005 г.; International Conference «CAMMAC - 2005» (Comets Asteroids Meteors Meteorites Astroblems Craters). Ukraine, Vinnytsia, 2005 г.; 37-th Lunar- Planetary Science Conference (Houston, USA, March, 2006). Houston: LPI, 2006, 2007, 2008, 2009.; «Чтения Ушинского» физико-математического факультета ЯГПУ математика, физика, экономика и физико-математическое образование». Ярославль: ЯГПУ, 2006,2007,2008,2009 г.; 44th Russian - American of Microsymposium of Planetology. Moscow: Institute of Geochemistry and Analytical Chemistry. (44th Vernadsky-Brown Microsymposium on Comparative Planetology. October 9 – 11, 2006); Международная научная конференция «Современные проблемы астрономии». Одесса, 12-18 августа 2007 г.; Всероссийская Астрономическая Конференция «Космические рубежи XXI века». Казань, Казанский государственный университет, 17-22 сентября 2007 г.; Международной научной конференции «Околоземная астрономия –2007». Москва: ИНАСАН, Кабардино-Балкария, п. Терскол, 2007 г.; Девятый съезд и международная научная конференция «Астрономия и астрофизика начала XXI века». Москва: ГАИШ МГУ, АстрО , 1-5 июля 2008 г.; Международная конференция «Динамика тел Солнечной системы». Томск: ТГУ, 27 – 31 июля 2008 г.

Всего по теме работы опубликовано 11 научных статей.

Личный вклад автора

Автор принимал непосредственное участие во всех этапах представленной работы, включая постановку задачи, отбор и обработку экспериментального материала, в проведении всех численных расчетов по составленным программам. Все изложенные в диссертации результаты получены автором самостоятельно или на равных правах с соавторами.

Структура и объем работы

Работа состоит из введения, трех глав, заключения. Содержит 57 страниц, 7 иллюстраций и 7 таблиц. Список цитируемой литературы содержит 39 наименований.

ГЛАВА 1.
ДИФФЕРЕНЦИАЛЬНОЕ УРАВНЕНИЕ ДВИЖЕНИЯ МЕТЕОРНОЙ ЧАСТИЦЫ С УЧЕТОМ СВЕТОВОГО ДАВЛЕНИЯ, ЭФФЕКТА ПОЙНТИНГА - РОБЕРТСОНА И ЕГО КОРПУСКУЛЯРНОГО АНАЛОГА

1.1. Уравнение движения метеорной частицы с учетом негравитационных сил

Как известно, [16], [18], [39], дифференциальное уравнение движения, представленное в векторной форме, абсолютно чёрного сферического тела, изотропно переизлучающего солнечную энергию и движущегося со скоростью v, составляющей угол u с направлением гелиоцентрического радиуса – вектора r имеет вид:

$$\ddot{\vec{r}} = -GM\vec{r} \,/\, r^3 - \frac{2\pi R^2 q r_{S-E}^2}{Mc^2} v \cos u \, \frac{\vec{r}}{r^3} - \frac{\pi R^2 q r_{S-E}^2}{Mc^2 r^2} v \sin u \vec{e}_t \qquad (1.1)$$

Здесь G – гравитационная постоянная, r – расстояние от Солнца до частицы, R – радиус частицы, c – скорость света, $q_{S\text{-}E}$ – солнечная постоянная для среднего расстояния $r_{S\text{-}E}$ от Солнца до Земли, e_r и e_t – единичные векторы радиального и трансверсального ускорений, M' – редуцированная масса Солнца, связанная с массой Солнца M_S и массой (сферической) частицы M, соотношением:

$$M' = M_S - \pi R^2 q r_{S-E}^2 \,/(GMc). \qquad (1.2)$$

Заметим, что если радиус R облучаемого тела меньше длины волны λ, то явление дифракции электромагнитных волн оказывает существенное влияние

9

на величину испытываемого телом светового давления. При $R<\lambda$ в уравнение (1.1) должен быть введён фактор «эффективности давления» – a_{ep} , величина которого зависит от размеров и оптических свойств рассматриваемого тела. При $R<\lambda$ с уменьшением R величина a_{ep} сначала возрастает, примерно вдвое, достигая максимума при $R =(0.17\,\lambda,\ 0.24\,\lambda)$, а затем резко падает до нуля [16]. В соответствии с [16] эффект дифракции уменьшает величину светового давления при $R=0.2\lambda$ и практически оно уменьшается до нуля при $R=0.01\,\lambda$. Таким образом, уравнение (1.1) применимо для случая $R>\lambda$.

В работе [36] указываются границы размеров тел Солнечной системы, при которых заметно проявляются негравитационные возмущения. В частности, эффект Пойнтинга–Робертсона характерен для частиц с радиусами от 1 мкм до 1 см, а эффект Ярковского становится существенным для тел с радиусами от 10 см до 10 км. (В оптическом диапазоне солнечное излучение практически не уменьшает момент импульса пылевых частиц с размерами менее 0,5 мкм – они уходят из Солнечной системы под действием светового давления, – и эффект Пойнтинга–Робертсона – торможение небесного тела, движущегося в электромагнитном поле Солнца, – не проявляется. Для метеороидов сантиметровых размеров, вследствие теплопроводности, устанавливается почти равномерное распределение температуры на поверхности и внутри их, и не проявляется эффект Ярковского [36].

Кроме того, для применения методов теории возмущённого движения в дальнейшем будем полагать, что в правой части уравнения (1.1) первое слагаемое («фотогравитационное» ускорение [16] – f_0 превосходит второе – f_r и третье слагаемые – f_t (возмущающие ускорения) по модулю более чем на порядок. Численные оценки (при $sin u=1$) показывают, что при плотности частицы $\rho=1$г/см^3, эксцентриситете $e=0.6$ и большой полуоси $a=2.5$ а.е. её орбиты $f_0=1000 f_t$ при $R=0.6399$ мкм; $f_0=10 f_t$ при $R=0.5709$ мкм; $f_0=0.1 f_t$ при

R=0.5702 мкм. Эти оценки также приводят к выводу о применимости изложенных ниже результатов только для частиц с радиусами больше 1 мкм.

1.2. Определение изменения большой полуоси орбиты за один оборот метеорной частицы

Воспользуемся уравнениями Лагранжа для определения возмущений кеплеровского элемента большой полуоси орбиты частицы a за один оборот её вокруг Солнца, получим с учётом [1]; [10] и уравнения (1)

$$\Delta a' = -4\pi^2 a^2 R^2 q r_{S-E}^2 (3/2e^2 + 1)/(Mc^2 (GM'p^3)^{1/2})$$ (1.3)

где p – параметр орбиты, а L – момент импульса частицы на единицу массы.

В случае невозмущённого движения применимы следующие уравнения:

$$p = a(1 - e^2), \quad L = (G \cdot M'p)^{1/2}.$$ (1.4)

В работах Г.О. Рябовой [17], [31], с учетом [2], в полуаналитическом виде учитывается влияние солнечного ветра на движение метеороидов в рамках следующей модели. Плазма солнечного ветра состоит из протонов, электронов, альфа – частиц и тяжёлых ионов. Средняя скорость солнечного ветра (в радиальном направлении) принимается равной w=400 км/с (для расстояний 0.3 а.е.<r<10 а.е.). Концентрация протонов n_p в солнечном ветре изменяется по закону n_p= 8.1$(r_{S\text{-}E}/r)^2$(400/w) см$^{-3}$. Также используются соотношения: U=w-v, n_α/n_p=0.05, а действие электронов и тяжёлых ионов на метеороиды не учитывается. Параметром модели также является величина Ψ, которая принимает следующие значения: 1.6 (водяной лёд), 1.4 (магнетит), 1.1 (обсидиан).

Тогда, уравнение для изменения большой полуоси $\Delta a''$ орбиты метеороида под воздействием солнечного ветра, осредненное за один период $\Delta t \approx \Delta T$, приводятся к виду, аналогичному для случая эффекта Пойнтинга – Робертсона, т.е. к виду (1.3). В работах [17] и [31] это уравнение представлено с учётом численных значений параметров (в системе СГС):

$$\Delta a'' = -3.65 \cdot 10^3 \cdot \Psi \cdot \overline{U} \cdot (GM')^{1/2} (A/M)(2 + 2e^2)/2\pi \cdot a^{3/2} (a(1-e^2)^{3/2}) \quad (1.5)$$

Здесь $\overline{U}$ – осреднённое за период движения метеороида значение величины $|U|/$ (при $|v| << |w|$, очевидно, $\overline{U} \approx 400$ км/с), A – площадь поперечного сечения частицы (для сферических частиц $A = \pi R^2$). При этом показано, что отношение ускорения, обусловленного корпускулярным аналогом эффекта Пойнтинга – Робертсона и ускорения обусловленного классическим эффектом Пойнтинга – Робертсона заключено в интервале от 0.2 до 0.6.

Используя уравнения (1.3) и (1.5), с учетом [5], [7], [8], [11], [19], [20] найдем уравнение, определяющее изменения большой полуоси орбиты за один оборот метеорной частицы с учетом одновременного действия светового давления, эффекта Пойнтинга-Робертсона и его корпускулярного аналога.

$$\Delta a \approx \Delta a' + \Delta a'' \tag{1.6}$$

Полагая период T обращения частицы вокруг Солнца равным ΔT, и, заменяя ΔT, Δa и Δe дифференциалами (T_0 – начальный период обращения частицы), получим для интервалов времени $t >> T$ (1.7):

$$\frac{da}{dt} = -\frac{4\pi^2 R^2 q r_{S-E}^2 a_0^{1/2} e_0^{4/5} \cdot (3/2e^2 + 1)}{(GM')^{1/2} Mc^2 T_0 (1-e_0^2) e^{4/5} (1-e^2)^{1/2}} - \frac{3.65 \cdot 10^3 \cdot \Psi \cdot \overline{U} \cdot (A/M)(2+2e^2)}{a(1-e^2)^{3/2}}$$

(1.7)

Учитывая, $\Delta T \approx dT$ и минимальный интервал времени не превосходит орбитальный период, а, также заменяя конечное приращение Δa соответствующим дифференциалом da, получим дифференциальное уравнение (1.8):

$$\frac{da}{dt} = -\frac{\pi q r_{S-E}^2 a_0^{3/2} R^2}{\sqrt{GM'}c^2 T_0 M}\left(\frac{\pi(\frac{e_0}{e})^{\frac{4+2k}{5+2k}}}{a_0(1-e^2)^{1/2}(1-e_0^2)}(4(\frac{3}{2}e^2+1)+k)\right),$$ (1.8)

здесь T_0 - начальный период обращения метеорной частицы $T_0 = \frac{2\pi a_0^{3/2}}{\sqrt{GM_S}}$, a_0 и e_0

– начальные значения большой полуоси и эксцентриситета орбиты метеороида. В уравнении (1.8) параметр k может быть найден из уравнений (1.9) – (1.11):

$$k = k_w / k_p,$$ (1.9)

$$k_w = 3.65 \cdot 10^3 \, \Psi \overline{U} \quad \text{(в системе СГС)},$$ (1.10)

$$k_p = \frac{\pi q_{S-E} r_{S-E}^2 a_0^{3/2}}{\sqrt{GM'}c^2 T_0},$$ (1.11)

Таким образом, k_w и k_p - величины, пропорциональные составляющим ускорения, отвечающим за действие солнечного ветра и светового давления на метеорную частицу соответственно.

Обратим внимание, что для возможного максимального значения k_w ($\overline{U} = 400 \cdot 10^5$ см/с, $\Psi = 1.6$) и возможного минимального значения k_p ($M' = M_S$,

13

$a_0^{3/2}/T_0 = \sqrt{GM_S}/2\pi$) их отношение не превосходит 1.5, поэтому можно считать:

$$0 < k < 1.5 \qquad (1.12)$$

1.3. Определение изменения эксцентриситета орбиты за один оборот метеорной частицы

Запишем уравнение возмущения эксцентриситета орбиты метеорной частицы за один оборот ее вокруг Солнца, учитывая действие фотонов:

$$\Delta e' = -5\pi^2 R^2 q r_{S-E}^2 e /(Mc^2 \cdot L), \qquad (1.13)$$

Уравнение для изменения $\Delta e''$ орбиты метеороида под воздействием солнечного ветра с учётом численных значений параметров [17] и [31] представлено в виде:

$$\Delta e'' = -3.65 \cdot 10^3 \cdot \Psi \cdot \overline{U} \cdot (GM')^{1/2} (A/M)(2e)/2\pi \cdot a^{3/2} (a^2 (1-e^2)^{1/2}) \qquad (1.14)$$

Аналогично п. 1.2., воспользовавшись уравнениями (1.13) и (1.14) найдем уравнение, определяющее изменения эксцентриситета орбиты за один оборот метеорной частицы с учетом одновременного действия светового давления, эффекта Пойнтинга-Робертсона и его корпускулярного аналога. При этом будем полагать

$$\Delta e \approx \Delta e' + \Delta e'' \qquad (1.15)$$

Заменяя ΔT, Δa и Δe дифференциалами, для интервалов времени $t \gg T$ получим:

$$\frac{de}{dt} = -\frac{5\pi^2 R^2 q r_{S-E}^2 e_0^{8/5} \cdot (1-e^2)^{3/2}}{(GM')^{1/2} Mc^2 T_0 a_0^{1/2} e^{3/5} (1-e_0^2)^2} - \frac{3.65 \cdot 10^3 \cdot \Psi \cdot \overline{U} \cdot (A/M)(2e)}{a^2 (1-e^2)^{1/2}} \qquad (1.16)$$

Учитывая, (1.9) – (1.11), $\Delta T \approx dT$ и минимальный интервал времени не превосходит орбитальный период, а, также заменяя конечное приращение Δe соответствующим дифференциалом de, получим однородное дифференциальное уравнение с разделяющимися переменными (1.17):

$$\frac{de}{dt} = -\frac{\pi q r_{S-E}^2 a_0^{3/2} R^2}{\sqrt{GM'} c^2 T_0 M} \left(\frac{\pi e (1-e^2)^{3/2} e_0^{2\left(\frac{4+2k}{5+2k}\right)}}{a_0^2 (1-e_0^2)^2 e^{2\left(\frac{4+2k}{5+2k}\right)}} (5+2k) \right) \qquad (1.17)$$

1.4. Осредненное уравнение движения метеорной частицы и его интегрирование

На эволюцию орбит мелких частиц метеорных роев значительное влияние оказывает поглощение ими солнечной радиации и последующее ее изотропное переизлучение, которое известно под названием эффекта Пойнтинга—Робертсона. Под его влиянием большая полуось и эксцентриситет орбиты уменьшаются со временем. В конце концов, частица падает на Солнце. Время, по истечении которого частица упадет на Солнце, тем короче, чем меньше ее размеры. Каменная частица, имеющая плотность ρ =3,5 г/см^3, радиус R=10^{-3} см и движущаяся по круговой орбите с r_s=1 а. е., упадет на Солнце через 24 тысячи лет, а имеющая такой же радиус, но плотность пемзы (0,6 г/см^3) — через 4000 лет. Продолжительность жизни частицы, движущейся по эллиптической орбите с большой полуосью, а=1 а.е., еще короче.

При уменьшении размеров орбиты вследствие эффекта Пойнтинга — Робертсона под действием испарения радиус частицы уменьшится до критического. Это означает, что отношение силы светового давления к силе притяжения Солнца, становятся больше 1, и давлением света частица будет выметаться за пределы Солнечной системы. Такие частицы, движущиеся по гиперболическим орбитам, называют β-метеороидами.

На первом этапе, под влиянием эффекта Пойнтинга-Робертсона, в метеорном рое происходит сортировка частиц по размерам: более мелкие частицы располагаются ближе к Солнцу, чем крупные. Дальнейшее влияние эффекта Пойнтинга — Робертсона приводит к тому, что мельчайшие частицы постепенно покидают пределы роя, пополняя ряды спорадических метеорных частиц.

Другим эффективным механизмом, истощающим метеорный рой, являются катастрофические столкновения метеороидов со спорадическими метеорными частицами. По имеющимся расчетам метеорные тела с массой около 10^{-3} г и по структуре аналогичные пемзе или базальту в рое Гемінид должны разрушиться через $2 \cdot 10^4$ лет. Метеорные частицы, покинувшие рой в результате катастрофических столкновений, также пополняют ряды спорадических метеороидов. Пространственную плотность метеорных тел в роях уменьшают также планеты. При каждом своем прохождении через рой планеты выметают определенное количество вещества роя.

Влияние притяжения больших планет, эффект Пойнтинга — Робертсона и всевозможные столкновения частиц роя со спорадическими метеороидами настолько увеличивают дисперсию элементов орбит частиц роя и уменьшают его пространственную плотность, что со временем активность потока существенно понизится, а встреча разрозненных метеороидов роя с Землей будет восприниматься как спорадический фон [3],[4].

В отличие от работ [17] и [31], решим совместно уравнения (1.6) и (1.15) не численным методом, а аналитически. При этом полагаем минимальный интервал времени не превосходит орбитальный период, причём $\Delta T \approx dT$.

Также учитывая $\dfrac{\Delta a}{\Delta e} \approx \dfrac{da}{de}$, заменяя конечные приращения Δa и Δe, соответствующими дифференциалами da и de (эта процедура исследована, в частности, в работе [18]), придём к дифференциальному уравнению с разделяющимися переменными:

$$\frac{da}{de} = \frac{a}{1 - e^2} \cdot \frac{(6 + 2k)e^2 + 4 + 2k}{e(5 + 2k)} \qquad (1.18)$$

После интегрирования (1.18), придём к выражению (1.19):

$$\frac{e^{\frac{4+2k}{5+2k}}}{a(1 - e^2)} = Const \qquad (1.19)$$

с учётом начальных условий a_0 и e_0:

$$\frac{a}{a_0} - \frac{(1 - e_0^2)e^{\frac{4+2k}{5+2k}}}{(1 - e^2)e_0^{\frac{4+2k}{5+2k}}} = 0 \qquad (1.20)$$

Соотношения, аналогичные уравнениям (1.7), (1.16), приводятся в статье [39], но при этом не учитывается корпускулярный аналог эффекта Пойнтинга – Робертсона. В настоящей работе, представлены соотношения, обобщающие результаты [39] и [31] - (1.8), (1.17), (1.19).

17

Обычно для приближённого решения уравнения (1.1) – в случае слабо возмущенного движения с учётом светового давления и эффекта Пойнтинга - Робертсона - сначала составляются, на основе уравнений Лагранжа [1], [10], вспомогательные функции $F(a,e), \Phi(a,e)$:

$$\frac{da}{dt} = F(a,e), \tag{1.21}$$

$$\frac{de}{dt} = \Phi(a,e), \tag{1.22}$$

- осреднённые за орбитальный период движения метеороида производные (по времени) большой полуоси и эксцентриситета его орбиты, а затем система дифференциальных уравнений (1.21) и (1.22) численно интегрируется ([27],[17],[31]). Нетрудно заметить, что уравнения (1.7), (1.16) эквивалентны уравнениям (1.21) и (1.22), но решение системы дифференциальных уравнений предложенных выше, приближено к аналитическому виду.

1.5. Примеры
1.5.1. ОЦЕНКА ВОЗРАСТА МЕТЕОРНОГО ПОТОКА

Уравнение (1.8) получено в неявном виде, а уравнение (1.17) может быть разделено и приведено к следующей квадратуре (1.23):

$$I(e,e_0) = \int_{e_0}^{e} \left(de \Big/ \left((5+2k) \frac{\pi \cdot e(1-e^2)^{3/2} \cdot e_0^{2\left(\frac{4+2k}{5+2k}\right)}}{a_0^2(1-e_0^2)^2 \cdot e^{2\left(\frac{4+2k}{5+2k}\right)}} \right) \right) = -\frac{\pi q \cdot r_{S-E}^2 \cdot a_0^{3/2} R^2}{\sqrt{GM'} \cdot c^2 T_0 \cdot M} \cdot (t-t_0)$$

Предположим, что после распада кометного ядра крупные фрагменты остаются на начальной кометной орбите, параметры которой a_0, e_0, i_0, причём значения большой полуоси a_c, эксцентриситета e_c и наклона i_c орбиты кометы изменяются незначительно ($a_c \approx a_0$, $e_c \approx e_0$, $i_c \approx i_0$) на интервалах времени соответствующих нескольким десяткам и сотням орбитальных периодов (в рассматриваемой модели движения кометы (и метеороида) долгота восходящего узла (Ω_c) плоскости орбиты кометы (метеороида) и аргумент её (его) перигелия (ω_c) могут изменяться значительно). Учитывая, также, что частицы малых размеров подвержены действию силы светового давления, и в движении которых проявляется эффект Пойнтинга – Робертсона и его корпускулярный аналог ($a=a(t)$, $e=e(t)$), полагая при этом $i=i_0$, определим, в рамках рассматриваемой модели движения небесных тел, возраст метеорного потока как интервал времени, прошедший после распада родительского тела (кометы).

Очевидно, поставленная задача о возрасте τ_L метеорного потока, в данной модели движения метеороидов, решается непосредственно, если воспользоваться квадратурой (1.23). Тогда возраст метеорного потока $\tau_L = t - t_0$ (1.24).

$$t - t_0 = -\int\limits_{e_0}^{e} \frac{2\sqrt{GM'}Mc^2}{\pi R^2 q r_{S-E}^2 \sqrt{GM_S}(5+2k) \dfrac{e(1-e^2)^{3/2} \cdot e_0^{2\left(\frac{4+2k}{5+2k}\right)}}{a_0^2(1-e_0^2)^2 \cdot e^{2\left(\frac{4+2k}{5+2k}\right)}}} de \qquad (1.24)$$

В качестве примера оценим возраст τ_{LG} Геминид. Для метеороидов, связанных с этим потоком, примем следующие кеплеровы элементы гелиоцентрической орбиты: a_G=1.36 а.е., e_G=0.896, i_G=23.6º , (Ω_G=261.0º, ω_G =324.3º) ([11], [17],[20]).

19

В отличие от работы [17], допустим, что *родительским* телом этого потока является не астероид 3100 Фаэтон, а комета 23P/1847 O1, Brorsen-Metcalf со следующими орбитальными параметрами a_c=17.107 a.e., e_c=0.972, i_c=19.34°, ((Ω_c=311.59°, ω_c =129.61°) [11]. Для вычисления интеграла в выражении (1.24) полагаем e_0=e_c, e=e_G, a_0=a_c . Плотность частиц положим равной ρ=1 г/см^3. Результаты вычислений времени жизни для частиц метеорного потока Геминид различного радиуса с учетом различных значений k представлены в *Таблице 1.1.*

Таблица 1.1. Оценка времени жизни частиц метеорного потока Геминид различного радиуса с учетом различных значений k

k	τ_{LG}=t-t_0, (тр. лет)		
	R = 1 мкм	R = 10 мкм	R = 100 мкм
0	1410.187	20738.932	213382.678
0.5	1173.014	17288.376	177494.802
1	1004.133	14799.330	151940.489
1.5	877.759	12936.787	132818.293

Как показано в *Таблице 1.1.* метеорные частицы при одном и том же значении k (что характеризует воздействие на частицу возмущающих факторов – светового давления, эффекта Пойнтинга-Робертсона и солнечного ветра) при увеличении размеров имеют большее время жизни. Также, необходимо отметить, при одном и том же размере метеорных частиц различное воздействие фотонов и протонов на эти частицы приводит к изменению времени жизни.

В обзорной работе [17], с учётом возмущений от больших планет, эффекта Пойнтинга–Робертсона, его корпускулярного аналога, с использованием методов численного интегрирования, возраст Геминид оценивается в 2000 – 3000 лет (родительское тело потока – астероид 3100 Фаэтон).

В качестве второго примера определим, приближённо, через сколько лет τ_{LT} будет действовать метеорный поток, связанный с частичным распылением вещества кометы 9P (1867 G1) / Tempel 1 после искусственного взрыва, произведённого 4 июля 2005 г. в ходе космической миссии "Deep Impact". Перигелийное расстояние кометы r_{p0}=1.500 а.е, эксцентриситет её гелиоцентрической орбиты e_0 =0.519, наклон к плоскости эклиптики i_0=10.54º [11]. Очевидно, рассматриваемый поток для *земного* наблюдателя начнёт проявляться при перигелийных расстояниях метеороидов r_p=1 а.е. Воспользовавшись соотношением (1.20), найдём эксцентриситет e и, затем, большую полуось a орбиты метеороида, сближающегося с орбитой Земли – e=0.243436, a=1.3218 а.е. Примем плотность вещества метеороидов ρ =1 г/см^3 и придём к следующим оценкам искомого интервала времени τ_{LT}, при различных значениях радиусов метеороидов R см. *Таблицу 1.2.*

Согласно *Таблице 1.2.*, метеорные частицы радиусом R=1 мкм достигнут Земли спустя 1522 года после бомбардировки кометы в ходе миссии «Deep Impact» (в случае, если возмущающие силы фотонов и протонов равны) и новый метеорный поток должен наблюдаться на Земле.

Таблица 1.2. Расчет времени жизни метеороидов (радиус R=1 мкм, R= 10 мкм, R= 100 мкм) с учетом действия фотонов и протонов (k принимает значения от 0 до 1.5); начальные значения орбитальных параметров метеороидов совпадают с орбитальными параметрами кометы (комета 9P (1867 G1)/ Tempel 1)

	τ_{LT}=t-t$_0$, (тр. лет)		
k	R = 1 мкм	R = 10 мкм	R = 100 мкм
0	2200.333	32429.444	332943.811
0.5	1799.695	26524.672	272321.204

1	1522.339	22436.870	230352.920
1.5	1318.989	19439.817	199583.026

Помимо оценки возраста метеорного потока квадратура (1.23) дает возможность проследить эволюцию метеорных частиц на различных интервалах времени. Используя уравнение движения (1.20) и квадратуру (1.24) рассмотрим модель эволюции частиц комет, (рассматриваемые кометы являются родительскими телами некоторых известных метеорных потоков), на интервале времени $t-t_0=1000$ лет с учетом действия на кометные частицы фотонов и протонов.

Метеорный поток Комета	a, а.е	e	i, град.	k	$e^{`}$	$a^{`}$, а.е
April Lyrids	28,0	0.968	79.0	0	0.9802271	46.538452
				1	0.9789240	43.633126
				1.5	0.9782235	42.214873
Comet 1861 1	54.176	0.983	79.8			
Andromedids -2	2.409	0.679	14.2	0	0.5575325	1.7196744
				1	0.3811090	0.9834389
				1.5	0.2178540	0.5344059
3D/Comet Biela	3.529	0.756	12.6			
Leonids	7.641	0.894	162.6	0	0.8694401	7.4251799
				1	0.8500212	6.3921365
				1.5	0.8385909	5.8995276
55P/Comet Tempel-Tuttle	10.229	0.904	162.7			
Oct. Draconids	2.338	0.575	22.9	0	0.5587998	2.0367589
				1	0.4454410	1.4185074
				1.5	0.3641440	1.0896619
Comet 21P/1992	3.519	0.717	30.7			
Orionids	15.1	0.962	163.9	0	0.9419265	10.025532
				1	0.9230676	7.4995176
				1.5	0.9099454	6.3651526
1P/Hally	17.788	0.967	162.3			

Таблица 1.3. Модель эволюции кометных частиц, связанных с некоторыми известными кометами на интервале времени (t-t₀)=1000 лет при различных значениях k

Пусть метеорные частицы образовались в результате частичного разрушения вещества кометы, и на начальный момент времени элементы гелиоцентрической орбиты кометных частиц совпадают с элементами орбиты родительской кометы.

В *Таблице 1.3.* представлены *a, e, i* кометы – (взяты за начальные значения большой полуоси, эксцентриситета и наклона орбиты рассматриваемой кометной частицы); $a`$, $e`$ - конечные значения большой полуоси и эксцентриситета орбиты кометной частицы при различных значениях *k*. Радиус частицы принимается равным R=1 мкм, плотность вещества частицы ρ=1 г/см^3). Элементы орбит *a, e, i* родительских комет и метеорных потоков в левой части *Таблицы 1.3.* приведены на 1981 г. [26].

Как видно из *Таблицы 1.3.*, с увеличением *k* (т.е. при увеличении вклада действия протонов в движение частиц) уменьшаются значения большой полуоси и эксцентриситета рассматриваемых частиц.

В *Таблице 1.3.* согласно рассматриваемой модели получены результаты эволюции кометных частиц на интервале времени t-t₀=1000 лет с учетом эффектов Пойнтинга – Робертсона, его корпускулярного аналога и светового давления в движении частиц.

Полученные результаты также могут быть проиллюстрированы на *Рис. 1.1.*. На графике представлена кривая зависимости *a(e)*, по которой становится возможным проследить эволюцию орбиты кометной частицы (1P / Halley) на интервале времени (t-t₀)=1000 лет при различных значениях k (различных возмущениях вносимых в движение частицы фотонами и протонами).

23

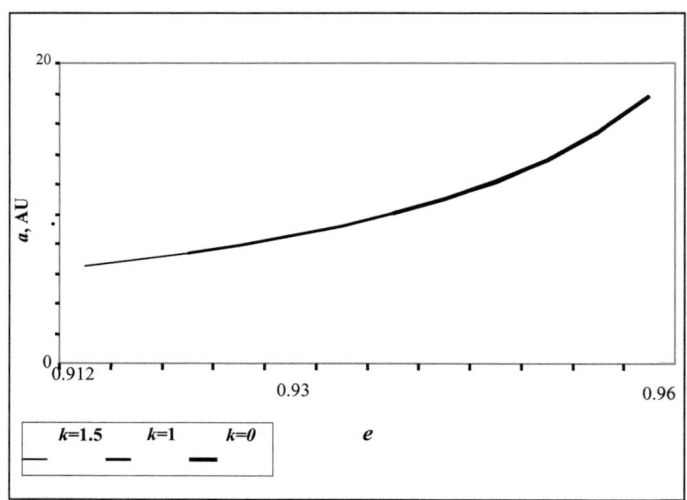

Рис. 1.1. Эволюция орбиты кометных частиц на интервале времени (t-t$_0$)=1000 лет при различных значениях k. Частицы принадлежат комете 1P / Halley

Кривая зависимости представлена тремя участками, которые соответствуют значениям k=0, k=1 и k=1.5. Как видно из графика, при k=1.5 на интервале времени равном *(t-t$_0$)*=1000 лет элементы орбиты частицы - большая полуось *a* и эксцентриситет *e* претерпевают наибольшее изменение, а при *k*=0 – наименьшее.

Рис. 1.1. выполнен в масштабе, который в полной мере отражает эволюцию частицы на указанном интервале времени, однако не позволяет отобразить трех кривых зависимости (с незначительно отличающимися значениями большой полуоси и эксцентриситета орбиты частицы) для различных значений *k*. На *Рис. 1.2.* представлена начальная часть эволюционных кривых *Рис.1.1.* в более крупном масштабе.

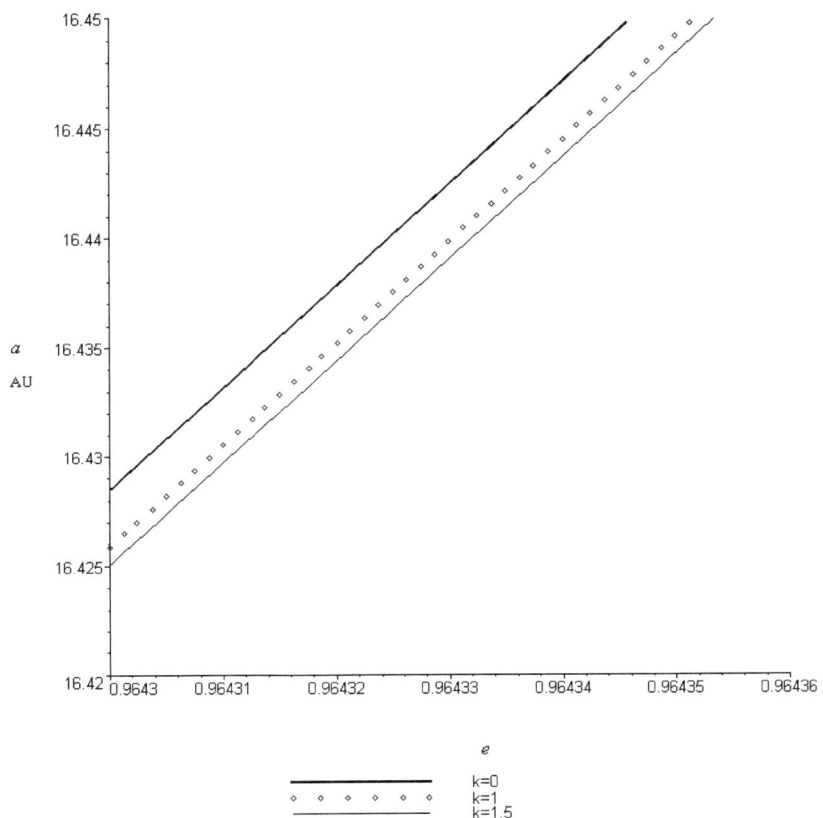

Рис. 1.2. Начальная часть графика Рис. 1.1.

1.5.2. УРАВНЕНИЕ ДВИЖЕНИЯ МЕТЕОРОИДА, ВЫВЕДЕННОЕ ЧЕРЕЗ АФЕЛИЙНОЕ r_a И ПЕРИГЕЛИЙНОЕ r_p РАССТОЯНИЕ С УЧЕТОМ СВЕТОВОГО ДАВЛЕНИЯ, ЭФФЕКТА ПОЙНТИНГА-РОБЕРТСОНА И ЕГО КОРПУСКУЛЯРНОГО АНАЛОГА

Если обозначить r_p и r_a расстояния метеороида в перигелии и афелии его кеплеровской оскулирующей орбиты, то по аналогии с выводом уравнения (1.18) для возмущённого движения (с учётом светового давления, эффекта

Пойнтинга – Робертсона и его корпускулярного аналога), можно вывести дифференциальное уравнение:

$$dr_a / dr_p = (r_a / r_p) \cdot \left(\frac{[(6+2k)+(4+2k)]+2r_p(r_a-r_p)(5+2k)/(r_a+r_p)^2}{[(6+2k)+(4+2k)]-2r_a(r_a-r_p)(5+2k)/(r_a+r_p)^2} \right)$$

(1.25)

Это однородное дифференциальное уравнение легко интегрируется, а его решение имеет вид, соответствующий выражению (1.19), если переменные r_p и r_a заменить переменными a и e. С учетом начальных условий получим выражение (1.25):

$$\left(\frac{r_a}{r_p} - 1 \right)^{\frac{4+2k}{5+2k}} \left(\frac{r_a}{r_p} + 1 \right)^{\frac{1}{5+2k}} \frac{1}{r_a} = \left(\frac{r_{a0}}{r_{p0}} - 1 \right)^{\frac{4+2k}{5+2k}} \left(\frac{r_{a0}}{r_{p0}} + 1 \right)^{\frac{1}{5+2k}} \frac{1}{r_{a0}}.$$

(1.26)

В (1.26) нижний индекс «0» указывает на начальные значения перигелийного (r_{p0}) и афелийного (r_{a0}) расстояний.

1.6. Численное интегрирование уравнения возмущенного движения метеороидов с учетом влияния фотонов и протонов

Произведем численное интегрирование уравнения (1.1) и результаты численного интегрирования сравним с инвариантом (1.20).

Для учета влияния элементарных частиц (протонов) на орбитальную эволюцию метеороидов (см. (1.6 и 1.14)), уравнение (1.1) представим в виде (1.27)

$$\ddot{\mathbf{r}} = -GM'\mathbf{r}/r^3 - 2\pi R^2 q r^2_{\text{S-E}}/(Mc^2)v\,cos\,\mathbf{u}r/r^3 - $$
$$(1+\gamma)\pi R^2 q r^2_{\text{S-E}}/(Mc^2r^2)v\,sin\,\mathbf{u}_t$$

(1.27)

Здесь G – гравитационная постоянная, r – расстояние между Солнцем и частицей, R – радиус частицы, M – масса частицы, c – скорость света, q – солнечная постоянная, для среднего расстояния от Земли до Солнца r_{S-E}, $\mathbf{e_r}$ и $\mathbf{e_t}$ – единичные векторы радиального и трансверсального направлений, M′ – редуцированная масса Солнца. Параметр γ, 0<γ<0.6, введен для учета влияния протонов на орбитальную эволюцию метеороидов [17], [34].

Уравнение (1.27) для сферических частиц с плотностью ρ, движущихся в гравитационном поле Солнца, масса которого M_S, запишем в полярных координатах (1.28), (1.29).

$$\ddot{r} = r\dot{\varphi} - \frac{GM_S}{r^2}\left(1 - \frac{3qr_{S-E}^2}{4GM_S c\rho R}\right) - GM_S(1+\gamma)\cdot\frac{3qr_{S-E}^2}{2GM_S c\rho R}\cdot\frac{\dot{r}}{cr^2}; \qquad (1.28)$$

$$\ddot{\varphi} = -\frac{2\dot{r}\dot{\varphi}}{r} - GM_S(1+\gamma)\cdot\frac{3qr_{S-E}^2}{4GM_S c\rho R}\cdot\frac{\dot{\varphi}}{cr^2}. \qquad (1.29)$$

В качестве единицы длины примем расстояние от Земли до Солнца, за единицу массы примем массу Солнца, положим G=1. В принятых единицах измерений соответствующих величин, орбитальный период движения Земли T=2π.

Используя прикладные программы системы "MAPLE-15" , включая метод численного интегрирования Рунге–Кутта 4 порядка, большую полуось ось a и эксцентриситет e оскулирующей орбиты метеороида, будем вычислять из соотношений (1.30) и (1.31).

$$a = \frac{1}{\dfrac{2}{r} - \dfrac{\dot{r}^2 + r^2\dot{\varphi}^2}{1-\beta}}, \qquad (1.30)$$

$$e = \sqrt{1 + \frac{r^4\dot{\varphi}^2\left(\dot{r}^2 + r^2\dot{\varphi}^2 - 2GM_S(1-\beta)/r\right)}{G^2M_S^2(1-\beta)^2}}.$$ (1.31)

Здесь

$$\beta = \frac{\pi R^2 q r_{S-E}^2}{GM_S Mc}.$$ (1.32)

Сравним значения большой полуоси a и эксцентриситета e оскулирующей орбиты метеороида, с их значениями, полученными с помощью инварианта (1.20) или (1.33)

$$\frac{a}{a_0} - \frac{(1-e_0^2)e^{\frac{4+2k}{5+2k}}}{(1-e^2)e_0^{\frac{4+2k}{5+2k}}} = 0$$ (1.33)

Для примеров в начальный момент времени примем следующие значения параметров: a_0=5 а.е., e_0=0.99, ρ=1000 кг/м^3, k=1.5 [34]. Для значений величин, вычисленных из соотношений (1.28) – (1.32) используем индекс «γ», а для величин, удовлетворяющих инварианту (1.33) используем индекс «k».

Из приведенных ниже примеров видно, что относительная погрешность вычисления величин a и e с использованием инварианта (1.33), полученного автором не превышает 3% (в рассматриваемой модели гелиоцентрического движения метеороидов с учетом влияния на них фотонов и протонов). Инвариант (1.33) предполагается использовать вместе с известными инвариантами Тиссерана, Драммонда и Козаи–Лидова.

Пример 1. Для частицы с радиусом 10 мкм, на интервале времени равном 2700 единиц, e_k=e_γ, =0.52; a_γ=0.080 а.е., a_k=0.078 а.е. (Рис.1.3, Рис.1.4).

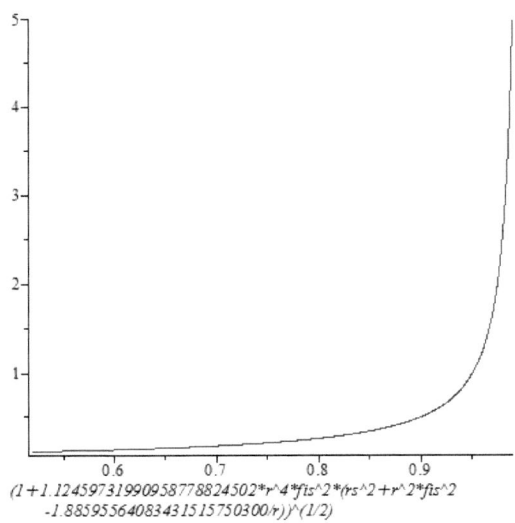

$(1+1.124597319909587788824502*r^4*fis^2*(rs^2+r^2*fis^2$
$-1.885955640834315157503\00/r))^(1/2)$

Рис. 1.3. R=10 мкм. a=a(e) – результат численного интегрирования уравнений

(1.28) – (1.29).

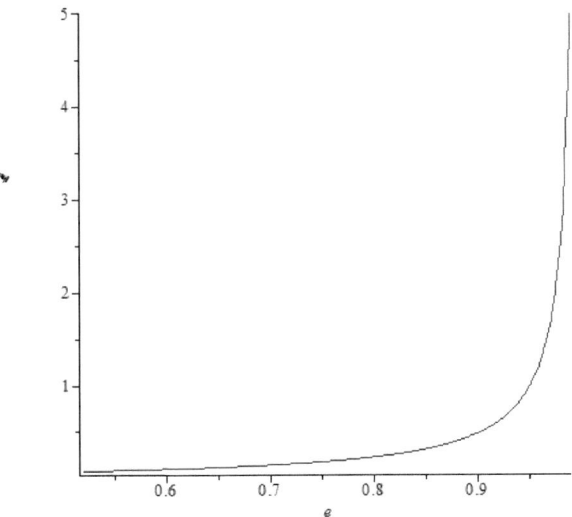

Рис 1.4. R=10 мкм. a=a(e) – результат использования инварианта (1.33).

Пример 2. Для частицы с радиусом 100 мкм, на интервале времени равном 17800 единиц, $e_k = e_\gamma$, =0.945; a_γ=0.901 а.е., a_k=0.896 а.е. (Рис.1.5, Рис.1.6).

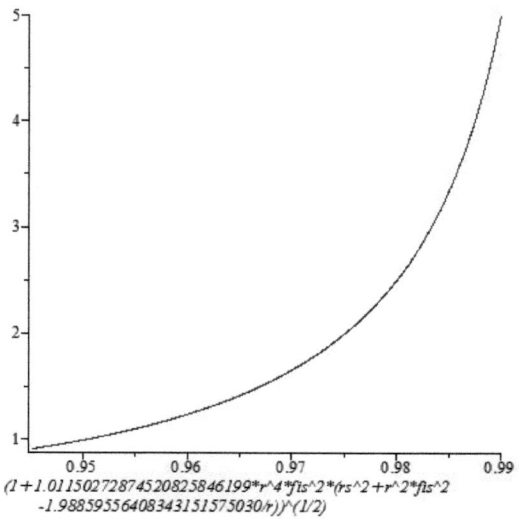

Рис. 1.5. R=100 мкм. a=a(e) – результат численного интегрирования уравнений (1.28) – (1.29).

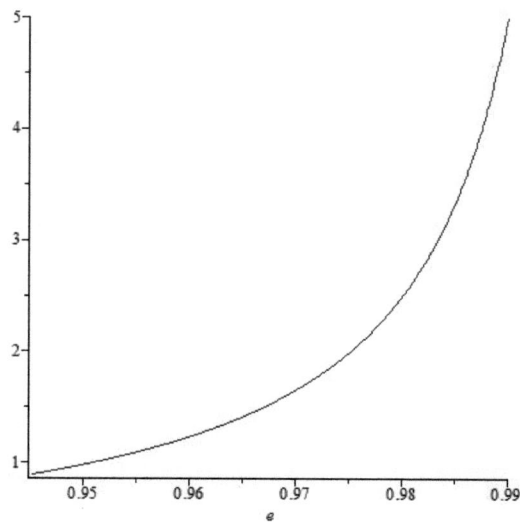

Рис 1.6. R=100 мкм. a=a(e) – результат использования инварианта (1.33).

ГЛАВА 2.

СМЕЩЕНИЕ РАДИАНТОВ МЕТЕОРНОГО ПОТОКА ПОД ДЕЙСТВИЕМ НЕГРАВИТАЦИОННЫХ СИЛ

2.1. Изменение истинной аномалии метеорной частицы находящейся на возмущенной орбите за один оборот на одном и том же гелиоцентрическом расстоянии

Определим разность истинных аномалий $\Delta\psi$ одного и того же метеороида, радиусом R и плотностью ρ, который, после полного оборота, «мигрировал» с одной эллиптической гелиоцентрической орбиты на другую, с незначительно изменёнными параметрами. Допустим, что значения истинных аномалий метеороида на этих двух орбитах соответствуют среднему расстоянию от Солнца до Земли (r_{S-E}=1а.е.). Примем во внимание действие на метеорную частицу светового давления, эффект Пойнтинга–Робертсона и его корпускулярный аналог (см. уравнение (1.1)) и предположим, что аргумент перигелия $|\Delta\omega|$ оскулирующей орбиты метеороида не изменяется.

В случае невозмущённой орбиты для гелиоцентрического расстояния имеем:

$$r = a(1 - e^2)/(1 + e\cos\psi) \tag{2.1}$$

В данной модели для метеоров $r = r_{S-E} = 1$ а.е. и, следовательно,

$$dr(a, e, v, da, de, d\psi) = 0 \tag{2.2}$$

После определения дифференциала (2.2), учитывая выражения (1.3), (1.5) и (1.13), (1.14) – изменения за один оборот большой полуоси da≈Δa и эксцентриситета de≈Δe орбиты метеороида, определив *cosψ* и *sinψ* из уравнения конического сечения (2.1), найдём:

$$\Delta \psi = - \frac{3\pi q r_{S-E}^2}{4R\rho c^2 \sqrt{GM'}} \cdot \frac{\left[a(1-e^2) + k(a(2e^2+1) - 2r_{S-E}) - 5r_{S-E}\right]}{a^{1/2}(1-e^2)\sqrt{\left[r_{S-E} - a(1-e)\right]\left[a(1+e) - r_{S-E}\right]}} \qquad (2.3)$$

Полученная формула (2.3) позволяет оценить смещение истинной аномалии частиц метеорного потока за один оборот, находящихся на одном и том же гелиоцентрическом расстоянии.

2.2. Оценка смещения радианта метеорного потока за один оборот метеорной частицы

Оценим смещение радианта метеорного потока при рассмотрении одного и того же метеороида, принадлежащего данному метеорному потоку, радиусом R и плотностью ρ, который, после полного оборота, «мигрировал» с одной эллиптической гелиоцентрической орбиты на другую, с незначительно изменёнными параметрами. Допустим, что значения истинных аномалий метеороида на этих двух орбитах соответствуют среднему расстоянию от Солнца до Земли (r_{S-E}=1а.е.). Примем во внимание действие на метеорную частицу светового давления, эффект Пойнтинга–Робертсона и его корпускулярный аналог. Допустим, что все орбиты находятся в одной плоскости и орбита Земли – окружность. При этом изменения большой полуоси, эксцентриситета орбиты метеорной частицы за один оборот определим, используя выражения (1.6) и (1.15).

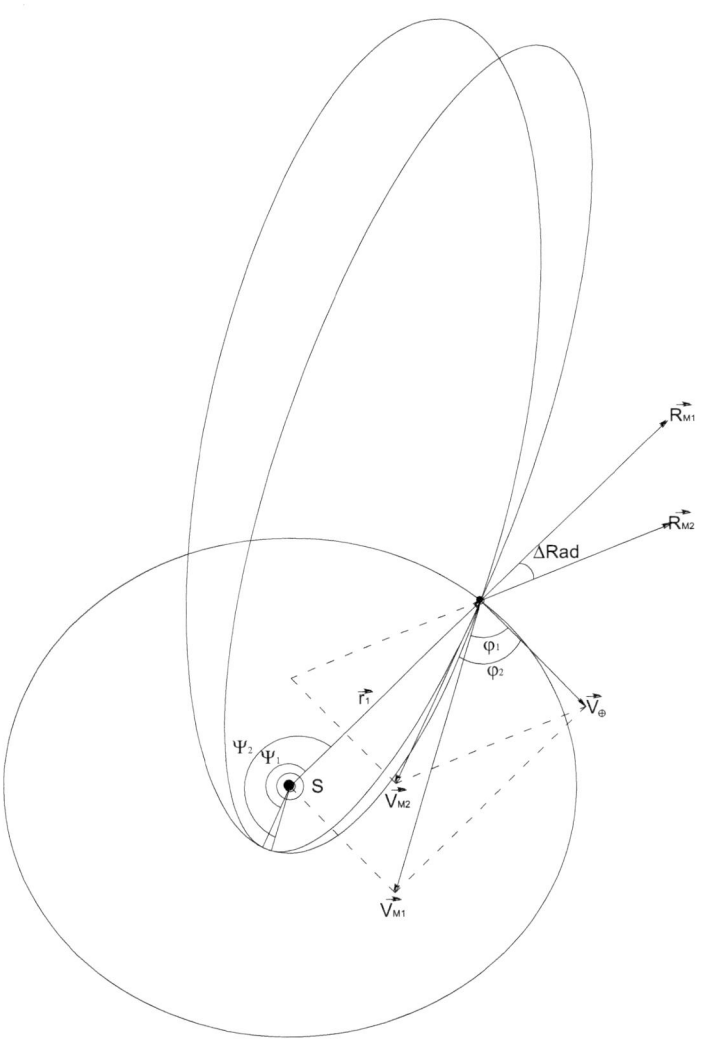

Рис.2.1. Смещение радианта метеорного потока за один оборот метеорной частицы

Из *Рис.1* выразим относительные скорости метеорной частицы на обеих эллиптических орбитах в момент пересечения этих орбит с орбитой Земли:

$$\vec{V}_{отн1} = \vec{V}_{м1} - \vec{V}_{\oplus} \tag{2.4}$$

$$\vec{V}_{отн2} = \vec{V}_{м2} - \vec{V}_{\oplus} \tag{2.5}$$

$$\Delta\vec{V} = \vec{V}_{отн2} - \vec{V}_{отн1} \tag{2.6}$$

$$\Delta\vec{V} = \vec{V}_{м2} - \vec{V}_{м1} \tag{2.7}$$

$$\Delta V^2 = V_{отн1}^2 + V_{отн2}^2 - 2V_{отн1}V_{отн2} \cdot cos\,\Delta Rad, \tag{2.8}$$

отсюда выразим *cos* Δ*Rad* (Δ*Rad* - смещение радианта):

$$cos(\,\Delta Rad\,) = \frac{(\vec{V}_{м1} - \vec{V}_{\oplus})^2 + (\vec{V}_{м2} - \vec{V}_{\oplus})^2 - (\vec{V}_{м2} - \vec{V}_{м1})^2}{2\left|\vec{V}_{м1} - \vec{V}_{\oplus}\right| \cdot \left|\vec{V}_{м2} - \vec{V}_{\oplus}\right|} \tag{2.9}$$

$$cos(\Delta Rad) = \frac{V_{\oplus}^2 - V_{\oplus}(V_{i\,1} \cdot cos\varphi_1 + V_{i\,2} \cdot cos\varphi_2) + V_{i\,1}V_{i\,2} \cdot cos(\varphi_2 - \varphi_1)}{\sqrt{V_{i\,1}^2 + V_{\oplus}^2 - 2V_{i\,1} \cdot V_{\oplus} \cdot cos\varphi_1} \cdot \sqrt{V_{i\,2}^2 + V_{\oplus}^2 - 2V_{i\,2} \cdot V_{\oplus} \cdot cos\varphi_2}} \tag{2.10}$$

Здесь углы φ_1 и φ_2 - углы между направлениями скорости метеорной частицы на обеих эллиптических орбитах ($\vec{V}_{i\,1}$ и $\vec{V}_{i\,2}$) и направлением скорости Земли $\vec{V}_{\oplus}$ соответственно (см. *Рис.1*). Углы φ_1 и φ_2 могут принимать значение от *0°* до *180°*, при этом $\varphi_2 > \varphi_1$. Скорость Земли примем $V_{\oplus} = \sqrt{\dfrac{GM}{a_{\oplus}}}$

$$V_{\scriptscriptstyle M1}^2 = GM_S\,(\frac{2}{r_1} - \frac{1}{a_1}) \tag{2.11}$$

$$V_{\scriptscriptstyle M2}^2 = GM_S\,(\frac{2}{r_2} - \frac{1}{a_2}) \tag{2.12}$$

$$a_2 = a_1 + (-\Delta a),\ a_2 \prec a_1 \tag{2.13}$$

$$e_2 = e_1 + (-\Delta e),\ e_2 \prec e_1 \tag{2.14}$$

$$\vec{V} = \dot{r} \cdot \vec{e}_r + r \cdot \dot{\psi} \cdot \vec{e}_r \tag{2.15}$$

С учетом уравнения конического сечения и уравнения определяющего момент импульса частицы получим:

$$V^2 = \frac{GM_S}{p}(1 + e^2 + 2e\cos\psi) \tag{2.16}$$

$$\cos\varphi_1 = -\sin(\vec{r}_1, \vec{V}_1),\ \cos\varphi_2 = -\sin(\vec{r}_2, \vec{V}_2), \tag{2.17}$$

$$\sin(\vec{r}_1, \vec{V}_1) = \frac{1 + e_1\cos\psi_1}{\sqrt{1 + e_1^2 + 2e_1\cos\psi_1}}, \tag{2.18}$$

отсюда $\cos(\Delta Rad)$ примет

вид:

$$\cos(\Delta Rad) = \left(\begin{array}{l} V_\oplus^2 - V_\oplus \left(-\sqrt{\dfrac{GM_S}{a_1(1-e_1^2)}} \cdot (1+e_1\cos\psi_1) - \sqrt{\dfrac{GM_S}{a_2(1-e_2^2)}} \cdot (1+e_2\cos\psi_2) \right) + \\[4mm] + \dfrac{GM_S \left[(1+e_1\cos\psi_1)(1+e_2\cos\psi_2) + \sqrt{e_2^2(1-\cos^2\psi_2)e_1^2(1-\cos^2\psi_1)} \right]}{\sqrt{a_1 a_2 (1-e_1^2) \cdot (1-e_2^2)}} \end{array} \right) /$$

$$\left[\left(\dfrac{GM_S(1+e_1^2+2e_1\cos\psi_1)}{a_1(1-e_1^2)} + V_\oplus^2 + 2V_\oplus \sqrt{\dfrac{GM_S}{a_1(1-e_1^2)}} \cdot (1+e_1\cos\psi_1) \right)^{\frac{1}{2}} \cdot \right.$$

$$\left. \cdot \left(\dfrac{GM_S(1+e_2^2+2e_2\cos\psi_2)}{a_2(1-e_2^2)} + V_\oplus^2 + 2V_\oplus \sqrt{\dfrac{GM_S}{a_2(1-e_2^2)}} \cdot (1+e_2\cos\psi_2) \right)^{\frac{1}{2}} \right]$$

(2.19)

2.3. Примеры

Таблица 3.1. Изменения истинной аномалии $\Delta\psi$ некоторых метеорных потоков при различных значениях k и смещение аргумента перигелия $\Delta\omega$ метеорных потоков, при условии одновременного гравитационного возмущения со стороны всех планет, вычисленное с использованием программы «Церера»

Метеорные потоки (P, тр. годы)	$\Delta\psi$, град.				$\Delta\omega$, град.
	k=0	k=0.5	k=1	k=1.5	
Oct.Draconids (3.565)	-0.153	-0.116	-0.078	-0.041	0.109
Orionids (143.651)	-0.057	0.518	1.092	1.666	0.013
Andromedids (4.061)	-0.078	-0.043	-0.008	0.026	0.450
Quadrantids (5.501)	-0.192	-0.075	0.041	0.156	0.052

В *Таблице 3.1* приведены изменения истинной аномалии некоторых метеорных потоков при различных значениях *k*. Как видно из *Таблицы 3.1,* изменения истинной аномалии $\Delta\psi$ некоторых метеорных потоков, происходящие вследствие воздействия негравитационных факторов, превышают смещение аргумента перигелия $\Delta\omega,$ вызванное гравитационными возмущениями от всех планет.

В работе получено аналитическое выражение, которое дает возможность оценить смещение радианта метеорного потока, при рассмотрении эволюции метеорной частицы, после полного ее оборота, «мигрировавшей» с одной эллиптической гелиоцентрической орбиты на другую, с незначительно изменёнными параметрами. Для вычисления смещения радианта ΔRad достаточно иметь значения истинной аномалии, большой полуоси и эксцентриситета обеих эллиптических орбит метеороидной частицы. В работе установлена в явном виде зависимость между изменениями эксцентриситета, большой полуоси орбиты метеороида и смещением радианта метеоров на интервале времени, соответствующем одному орбитальному периоду частиц, порождающих данные метеоры.

ГЛАВА 3

МЕТОД ОТОЖДЕСТВЛЕНИЯ РОДИТЕЛЬСКИХ ТЕЛ МЕТЕОРНЫХ ПОТОКОВ

3.1. Установление критерия тождественности родительских тел метеорного потока

К концу XIX столетия гипотеза о кометном происхождении метеорных роев стала господствующей. Некоторые крупные метеорные потоки, наблюдаемые ежегодно и дававшие эффектное явление «звездного дождя», имели орбиты, весьма сходные с орбитами больших комет, что и говорило о тесной взаимосвязи метеорных потоков и комет. В дальнейшем было установлено родство других комет и метеорных потоков.

На сегодняшний день родительские тела многих метеорных потоков не определены. В начале XXI века было известно около 4000 радиантов метеорных потоков, а родительские тела установлены только для нескольких десятков. Некоторые крупные метеорные потоки имеют орбиты, весьма сходные с орбитами больших комет и, несомненно, тесно с ними связаны [37]. В настоящее время установлена или подозревается взаимосвязь приблизительно 90 комет и соответствующих им метеорных потоков.

Основные положения теории происхождения метеороидных роев сформулированы известным русским ученым Ф.А. Бредихиным [6] еще в XIX веке:

1) метеороидные рои образуются при разрушении ядер комет;

2) выброс метеорных частиц происходит с ненулевой скоростью;

3) длительное время метеороидный рой и комета могут существовать совместно;

4) одна комета может образовать несколько метеорных потоков.

Эти положения соответствуют современным представлениям о структуре, происхождении и эволюции комет и метеороидных роев, хотя их содержание и смысл изменились существенно [13], [14],[21], [22], [23], [24].

В зависимости от принятой модели кометного ядра рассматривались и различные процессы образования метеороидных роев. Согласно Дж. Скиапарелли, ядро кометы представляло собой скопление метеороидов, связанных гравитационным притяжением. Образование метеороидного роя (или разрушение кометы) происходило под действием приливных сил Солнца, то есть частицы покидали комету с нулевыми скоростями. Эта теория не объясняла многие наблюдаемые явления как в кометах (газовые и аномальные хвосты), так и в метеорных потоках (большие длительности действия и площади радиации).

Основываясь на наблюдениях, Ф.А. Бредихин предположил существование импульсов, под действием которых происходит выброс метеороидов из ядер комет (со скоростями до 3 км/с). При этом он не отвергал теории распада комет под действием приливных сил и считал, что в этом процессе кроме Солнца участвуют и большие планеты.

Идея монолитного ядра кометы, вероятно, впервые была высказана Б.Ю. Левиным [12] в 1943 году. Он считал, что ядрами комет могут быть твердые глыбы, пропитанные газами, которые выделяются при нагревании ядра вблизи Солнца. Эта модель не могла объяснить ни относительно большие потери массы кометой при каждом прохождении перигелия, ни образование метеороидных роев. Тем не менее, вопрос о ядре как множестве гравитационно связанных тел был снят.

Наблюдения и исследования комет показали, что в их состав входят замерзшие газы CN, C2 , C3 , CH, OH, NH, CH2 , CO, CO2 , N2 и им подобные, а также пылевые частицы различных размеров. На этом основании Ф. Уиппл [38] разработал модель ядра кометы как конгломерата легкоплавких льдов и пылевых частиц. Под действием солнечного излучения происходит нагревание и испарение льдов, а потоки сублимирующих газов выносят в голову кометы и ее хвосты пылевую материю. Некоторые из частиц не могут покинуть поверхность ядра или возвращаются на нее под действием притяжения ядра и со временем образуют пылевую корку. Она препятствует проникновению тепла внутрь и ослабляет скорость пыле- и газовыделения. По этой причине "старые" кометы (в основном движущиеся по короткопериодическим орбитам, P < 300 лет), многократно побывавшие вблизи Солнца, в среднем намного слабее "новых" долгопериодических комет.

Спокойный распад кометных ядер при сублимации льдов - наиболее вероятный путь образования метероидных роев. Но нельзя, конечно, исключать образование роя при катастрофических процессах распада ядра кометы под действием приливных, центробежных или иных сил и при возможных столкновениях с астероидами или метероидами.

По мнению Ф.А. Бредихина, сомнения в кометном происхождении метеорных потоков появились из-за огромной разницы между числом известных тогда комет (310) и числом метеорных потоков (3000). Поэтому появились работы, в которых происхождение метеорных потоков приписывалось другому источнику. Б.Ю. Левин вообще считал сопоставление общего числа комет и метеорных потоков непредставляющим интереса. Он напоминает, что три слабые кометы, связанные с метеорными потоками Лирид, Персеид и Леонид, наблюдались только в 1861-1866 годы, и если бы их появление было упущено наблюдателями, то эти интереснейшие потоки остались бы без комет-родоначальниц.

Кометные ядра возникли миллиарды лет назад в период формирования Солнечной системы, тогда как метеороидные рои могут существовать не более десятков или сотен тысячелетий. Поэтому невозможно допустить совместное происхождение комет и метеороидных роев. Метеороидные рои образуются при распаде кометных ядер и сейчас, о чем свидетельствуют наблюдения кометных явлений.

Вопрос о возможности образования метеороидных роев при разрушении астероидов поднимался неоднократно [28], [29], [30]. Несомненно, что при столкновениях астероидов между собой, а также с метеорными телами происходит их разрушение и часть вещества в виде пыли и более крупных осколков продолжает существовать самостоятельно, двигаясь вокруг Солнца по различным орбитам [33]. Вопрос заключается в том, насколько могут быть близки орбиты частиц, покинувших астероид, и достаточно ли их будет, чтобы при пересечении такого роя Землей в ее атмосфере наблюдался метеорный поток. Первая часть вопроса заключается в определении скоростей выброса частиц при ударном взаимодействии, а вторая - в энергии удара. И наконец, еще один немаловажный вопрос: как часто происходят столкновения, при которых возможно образование достаточно плотного роя? Если из наблюдений комет хорошо известна скорость потери их массы, то еще не было случая наблюдений дробления астероида. Существующие оценки частоты столкновений и прогнозирование их результатов являются в основном теоретическими или основаны на лабораторных экспериментах.

Нередко астероиды, кометы и метеорные потоки образуют довольно сложные комплексы, возможно связанные генетически. В этих комплексах очень трудно определить, какие потоки и какими именно телами образованы. Предполагается, что все крупные объекты комплекса произошли после дробления ядра гигантской кометы [9].

В *Таблице 3.1.* приведены основные метеорные потоки, их родительские тела, направление на радиант, период наблюдения, дата максимума, геоцентрические координаты.

Таблица 3.1.Известные метеорные потоки, их родительские тела, направление на радиант, период наблюдения, дата максимума, геоцентрические координаты

Месяц	Название потока	Связь с кометой	Созвездие и близкая звезда	Период наблюдения	Дата (max)	Коорди-наты	
						RA h m	Dec deg.
01	Квадрантиды	Мачхольца (1986 VIII)	γ Dra β Boo	30.12-5.01	4.01	15 28	49
02	Авригиды		α Aur	8.02-12.02	9.02	05 00	42
03							
04	α-Виргиниды		α Vir	26.03-17.04	11.04	13 20	-6
	Сигаттиды-1	Гершель (1790)	Sge	19.04-23.04	нет		
	Лириды	Тэтчера (C/1861 G1)	α Lyr	18.04-24.04	22.04	18 08	32
05	η-Аквариды	Галлея (1910 II)	α Aqr ξ Aqr	19.04-28.05	6.05	22 26	-01
	Корониды		ν CrB	21.05-28.05	нет	15 28	34
06	Скорпиониды-Сагиттариды		γ Sgr	июнь	14.06	18	-30
	Цефеиды - 1		η Cep	11-21июня	17.06	20 52	+60
	Боотиды	Понса-Виннекида	η Boo	27-30 июня	27.06	14 08	51
	β-Тауриды	Энке	Tau		29.06	05 40	19
07	α-Каприкорниды	Адонис (№ 2101)	Cap	Июль-август	15.07	20 30	-10
	δ Аквариды (сев)		δ Aqr	25.07-22.08	28.07	22 32	-6

43

	Кассиопеиды	Мачхолца (1986 VIII)	Cas	17.07-15.08	28.07	00 54	63
	Пегасиды		Peg	18.07-31.07		22 44	21
08	δ Аквариды (южн)	Мачхолца (1986 VIII)	δ Aqr	23.07-15.08	5.08	22 16	-16
	Персеиды	Свифта-Туттля (1862 III)	α Per γ Per	09.07-17.08	13.08	03 46	57
	к-Цигниды		β Cyg	10.08-25.08	20.08	19 20	53
	Цефеиды		α Cep	10.08-24.08	20.08	20 24	62
	Ауригиды (сев)		β Aur	14.08-31.08	30.08	05 56	41
09	Пегасиды		γ Peg	2.09-6.09	05.09	00 04	15
	Писциды	Морхауза (1907)	Psc	2.09-19.09	11.09	00 20	-1
10	Дракониды	Джакобини - Циннера	β Dra	8.10-10.10	09.10	17 28	54
	Ориониды	Галлея (1910 II)	γ Gem	14.10-26.10	22.10	06 20	16
	Цегиды	Галлея (1910 II)	α Cet	13.10-24.10	20.10	03	10
11	Тауриды (сев)	Энке (1971II)	Tau	18.10-30.11	13.11	03 44	22
	Тауриды (южн)	Энке (1971II)	Tau	29.10-25.11	03.11	03 40	14
	Ариэтиды		Ari	ноябрь	12.11	02 48	20
	Андромедиды	Биэлы	γ And	10.11-27.11	27.11	01 36	44
	Леониды	Темпеля-Туттля (1866 I)	γ Leo	8.11-18.11	17.11	10 06	22
12	Геминиды	Фаэтон (№3200)	α Gem	22.10-18.12	13.12	07 30	32
	Урсиды	Мацхолца (1986 VIII)	γ UMi	22.12-25.12	22.12	15 30	83
	Фенициды	Бланпена (1919 VI)	Phe		05.12	15	-55

На эволюцию орбит метеорных потоков, структуру роев и их активность оказывают влияние множество факторов: влияние притяжения планет – гигантов, прохождение планет через метеорный поток, световое давление и негравитационные эффекты – такие как эффект Ярковского, Ярковского-Радзиевского, Пойнтинга-Робертсона.

Силы, обусловливающие движение небесных тел, чрезвычайно многочисленны и разнообразны по характеру и происхождению. Законы, определяющие их изменение, в некоторых случаях известны приблизительно, а в некоторых совершенно неизвестны. Изучение движения с абсолютной точностью и во всех подробностях невозможно. Поэтому точная задача всегда заменяется приближенной, учитывающей наиболее значительные из известных сил.

Основной возмущающей силой в движении малых тел Солнечной системы является притяжение больших планет. Планетные возмущения изменяют все элементы орбит. Степень действия планетных возмущений зависит от условий движения возмущаемых тел (в данном случае астероидов, комет и метеороидов) относительно больших планет.

Одним из высокоточных методов исследования эволюции орбит тел Солнечной системы под действием гравитационных возмущений является метод Э. Эверхарта. Этот метод разработан специально для решения задач небесной механики. Следует отметить, что исследования на больших интервалах времени носят характер математического моделирования и представляют одну из возможных моделей движения, дающую особенности эволюции орбиты рассматриваемого объекта.

Наряду с численными методами решения точных уравнений небесной механики большое распространение получили и качественные методы вычисления только вековых возмущений первого порядка.

Кроме притяжения Солнца и больших планет метеороиды испытывают влияние сил различной негравитационной природы. В литературе описано более двух десятков эффектов, которые могут изменять как физические характеристики метеороидов, так и оказывать влияние на их движение.

Наиболее существенное влияние на движение метеороидов крупнее 10^{-3} г могут оказать эффекты, связанные с солнечным излучением, а на изменение их масс - столкновения с микрометеороидами спорадического фона.
Эффектом Пойнтинга-Робертсона называют тормозящую силу, возникающую при поглощении и переизлучении метеороидом солнечной энергии и пропорциональную его орбитальной скорости.

Аналогичное торможение возникает и при взаимодействии протонов солнечного ветра с метеороидами. Его называют корпускулярным аналогом эффекта Пойнтинга-Робертсона. Действие эффекта Пойнтинга-Робертсона и его корпускулярного аналога проявляется в вековом уменьшении большой полуоси и эксцентриситета орбиты метеорной частицы [3, 4].

Открытие этого эффекта подтвердило вывод о том, что метеороидные рои не могли образоваться в тот же период, что и кометы или астероиды, а являются продуктами их относительно недавней дезинтеграции.

Для отождествления метеорных потоков и родительских комет с учётом эффекта Пойнтинга – Робертсона введём критерий (1.20) и будем полагать, что наклоны орбит комет и метеорных потоков мало отличаются друг от друга

46

(<10°) и отсутствуют (по крайней мере, на рассматриваемом интервале времени) тесные сближения комет и метеороидов с большими планетами.

Выразим критерий *k* из уравнения (1.19):

$$k = \left(5\ln \frac{a(1-e^2)}{a_0(1-e_0^2)} - 4\ln \frac{e}{e_0} \right) \bigg/ \left(\ln \frac{e}{e_0} - \ln \frac{a(1-e^2)}{a_0(1-e_0^2)} \right) \qquad (3.1)$$

Параметр *k*, который согласно предложенной модели должен удовлетворять условию (1.12), может быть использован в качестве критерия «родства» кометы и метеорного потока.

3.2. Исследование надежности критерия *k*

Для известных метеорных потоков ([11], [26]) средние значения *a*, *e*, *i* занесём в *Таблицу 3.2.* и проверим выполнение равенства (1.12).

В *Таблице 3.2.* значения *k* , вычисленные с помощью формулы (3.1) (a_0, e_0 и *a*, *e* большие полуоси и эксцентриситеты орбит комет и метеорных потоков, соответственно), заключены в интервале $0<k<1.5$, что удовлетворяет условию (1.12). Критерий (3.1) позволяет, в некоторой мере, оценивать надёжность отождествления комет и метеорных потоков.

*Таблица 3.2.Отождествление метеорных потоков и их родительских комет на основе эффекта Пойнтинга – Робертсона и его корпускулярного аналога (см. уравнения (1.12), (1.19) и (3.1). а и е – большая полуось и эксцентриситет орбиты метеорного потока; a_0 и e_0 – большая полуось и эксцентриситет орбиты кометы; k – критерий **связи** комет и метеорных потоков (3.1). Значение k должно находиться в интервале $0<k<1.5$.*

Метеорный поток / Комета	$a,$ а.е.	e	$i,$ град.	k
April Lyrids Comet 1861 1	28,0 54.176	0.968 0.983	79.0 79.8	-5.779
Nothern Taurids 2P/ Comet Encke	2.071 2.216	0.839 0.847	2.4 12	-5.821
eta - Aquarids 1P/Halley	13.0 17.788	0.958 0.967	163.5 162.3	-5.138
Orionids 1P/Halley	15.1 17.788	0.962 0.967	163.9 162.3	-5.258

Метеорный поток	e		$a,$ а.е.	
	$k=0$	$k=1.5$	$k=0$	$k=1.5$
April Lyrids	0.9672697	0.9672936	28.645801	28.625479
Nothern Taurids	0.836957	0.837039	2.099052	2.098134
eta - Aquarids	0.955020	0.9550454	13.935888	13.929876
Orionids	0.9611979	0.9612084	15.422745	15.419057

Следует отметить, что средние кеплеровы элементы гелиоцентрических орбит метеороидов могут существенно отличаться от орбитальных параметров отдельных метеороидов, что ведет к невыполнению приведенного критерия (как видно из верхней части *Таблицы 3.2.*). Однако даже при незначительном уточнении параметров a и e метеороидов значения k переходят в область, определяемую соотношением $0<k<1.5$, что и представлено в нижней части *Таблице 3.2.* [35].

3.3. Примеры применения критерия *k*

Как было сказано выше, критерий (3.1) позволяет, в некоторой мере, оценивать надёжность отождествления комет и метеорных потоков. В *Таблицу 3.3.* запишем элементы орбит *a, e, i* некоторых известных комет и метеорных потоков, на сегодняшний день не отождествленных ни с одной кометой.

Проверим выполнение критерия (3.1) для предложенных пар – кандидатов в родительские тела для данных метеорных потоков.

Таблица 3.3. Кометы – кандидаты в родительские тела метеорных потоков

	Метеорный поток	Комета (Эпоха 2000 01 01)	*k*
β Cancrids		3D/Biela	0.130
a, AU	2.105	3.533	
e	0.638	0.768	
i, deg	2.8	8.1	
λ Cygnids		73P/Schwassmann-Wachmann	0.622
a, AU	2.522	3.060	
e	0.641	0.694	
i, deg	11.2	11.4	
λ Cygnids		1920 III (Epoch 1950.0)*	1.368
a, AU	2.532	193.949	
e	0.620	0.994	
i, deg	11.2	20.4	
κ Cygnids		177P/ Barnard	1.179
a, AU	3.533	24.065	
e	0.719	0.954	
i, deg	32.7	31.2	
κ Cygnids		1905 III (Epoch 1950.0)*	1.085
a, AU	3.535	37.107	
e	0.719	0.970	
i, deg	32.7	39.2	

Как видно из *Таблицы 3.3* критерий k удовлетворяет предложенным парам комета - метеорный поток, причем для метеорных потоков λ Cygnids и κ Cygnids предложено по два родительских тела – короткопериодическая и долгопериодическая комета.

ЗАКЛЮЧЕНИЕ

В работе впервые исследуется уравнение движения метеороидной частицы с учетом действия светового давления, эффекта Пойнтинга – Робертсона и его корпускулярного аналога (учет действия фотонов и протонов) в аналитическом виде. Кроме того, уравнение движения метеороида, выведенное через афелийное r_a и перигелийное r_p расстояние с учетом светового давления, эффекта Пойнтинга – Робертсона и его корпускулярного аналога также приведено в аналитическом виде.

Впервые получен инвариант движения метеорной частицы из осредненного уравнения. Этот инвариант также вычислялся с помощью неосредненного (исходного) дифференциального уравнения с использованием численного интегрирования. Компактный инвариант и использование бесконечных рядов привели к практически одинаковым результатам (с относительной погрешностью менее 3 % для большой полуоси и эксцентриситета). Этот инвариант предлагается использовать наряду с известными инвариантами Тиссерана, Драммонда и Козаи–Лидова.

В отличие от работ [32] и [25], в которых предложен эмпирический критерий отождествления метеорных потоков и комет, предложенный автором критерий k обусловлен динамически. Используя предложенный критерий k, появляется возможность дополнить упомянутые выше критерии и наиболее точно выявлять родительские тела метеорных потоков. В работе, в свою очередь, предложены кандидаты на роль комет - родоначальниц трех известных метеорных потоков, а также приведены значения критерия k для некоторых уже отождествленных пар: комета – метеорный поток.

51

Впервые была представлена квадратура, позволяющая оценивать возраст метеорного потока, а также прослеживать эволюцию его орбиты на интервалах времени, превышающих один орбитальный период рассматриваемой частицы, принадлежащей данному потоку. Используя данную квадратуру, появилась возможность рассчитать период времени, спустя который на Земле будет наблюдаться метеорный поток, образованный в результате распыления вещества кометы Tempel 1 4 июля 2005 года.

В работе получено аналитическое выражение, которое дает возможность оценить смещение радианта метеорного потока, при рассмотрении эволюции метеорной частицы, после полного ее оборота, «мигрировавшей» с одной эллиптической гелиоцентрической орбиты на другую, с незначительно изменёнными параметрами. Для вычисления смещения радианта ΔRad достаточно иметь значения истинной аномалии, большой полуоси и эксцентриситета обеих эллиптических орбит метеороидной частицы. В работе установлена в явном виде зависимость между изменениями эксцентриситета, большой полуоси орбиты метеороида и смещением радианта метеоров на интервале времени, соответствующем одному орбитальному периоду частиц, порождающих данные метеоры.

Потеря летучих в кометных ядрах сопровождается потерей мелкой пылевой компоненты, выметаемой световым давлением. С учётом эффекта Пойнтинга–Робертсона и его корпускулярного аналога (фотонов и протонов), которые должны быть выражены особенно заметно для потоков, находящихся на больших расстояниях от больших планет. В очень старых потоках должен наблюдаться дефицит мелких фракций. Необходимы наблюдения спорадических метеоров с большого числа пунктов, чтобы набрать статистику для старых и скудных потоков.

СПИСОК ЛИТЕРАТУРЫ

1. *Абалакин В.К., Аксенов Е.П., Гребеников Е.А. и др.* Справочное руководство по небесной механике и астродинамике / Ред. Дубошин Г.Н. М.: Наука, 1976. 864 с.

2. *Антонов В.А., Баранов А.С., Гнедин Ю.Н.* Эффекты случайных вариаций солнечного ветра в движении малых частиц в Солнечной системе // Астрон. вестн. 2006. № 3. С. 276 – 282.

3. *Бабаджанов П.Б., Обрубов Ю.В.* Особенности эволюции метеорных роев Геминид и Квадрантид // Астрон. журн. 1984. Т. 61, № 5. С. 1005-1012.

4. *Бабаджанов П.Б., Обрубов Ю.В.* Метеороидные рои: Образование, эволюция, связь с кометами и астероидами // Астрон. вестн. 1991. Т. 25, № 4. С. 387-407.

5. *Брауэр Д., Клемспс Дж.* Методы небесной механики. М.: МИР. 1964.

6. *Бредихин Ф.А.* Этюды о метеорах. М.: Изд-во АН СССР, 1954. 607 с. (Классики науки).

7. *Герасимов И. А., Винников Е.Л., Мушаилов Б.Р.* Канонические уравнения в небесной механике. М.: Изд-во МГУ. 1996.

8. *Дубошин Г.Н.* Небесная механика. Основные задачи и методы. М.: Наука. 1975.

9. *Ишмухаметова М.Г., Кондратьева Е.Д.* Большие полуоси орбит и скорости выброса метеороидов Персеид // Астрон. вестн. 2005. Т. 39. № 2. С. 184 – 190.

10. *Кинг-Хили Д.* Теория орбит искусственных спутников в атмосфере. М.: Мир, 1966. 190 с.

11. *Куликовский П.Г.* Справочник любителя астрономии. М.: Эдиториал УРСС, 2002. 688 с.

12. *Левин Б.Ю.* Физическая теория метеоров и метеорное вещество в Солнечной системе. М.: Изд-во АН СССР, 1956. 296 с.

13. *Ловелл Б.* Метеорная астрономия. М.: Физматгиз, 1958. 488 с.

14. *Обрубов Ю.В.* Комплексы малых тел Солнечной системы // Астрон. журн. 1991. Т. 68, № 5. С. 1063-1073.

15. *Пуанкаре А.* Лекции по небесной механике. М.: Наука. 1965.

16. *Радзиевский В.В.* Фотогравитационная небесная механика. Нижний Новгород. Издатель Ю.А. Николаев, 2003. 196 с.

17. *Рябова Г.О.* Возраст метеорного потока Геминид (обзор) // Астрон. вестн. 1999. Т. 33. № 3. С. 258 – 273.

18. *Смирнов М.А., Микиша А.М.,* Вековая эволюция высокоорбитальных космических объектов под действием светового давления // Столкновения в околоземном пространстве. М., Космосинформ, сс. 252-271, 1995.

19. *Субботин М.Ф.* Курс небесной механики, том 2, ОНТИ, 1937.

20. *Субботин М.Ф.* Введение в теоретическую астрономию. М.: Наука. 1968.

21. *Тихомирова Е.Н.* К проблеме исследования метеорных потоков // Ярославский педагогический вестник. Естественные науки. Ярославль: Изд-во ЯГПУ, 2011. – № 3. – Том III (Естественные науки). С.28-33.

22. *Borovicka J.* Meteor spectra - possible link between meteorite classes and asteroid families in Seventy-Five Years of Hirayama Asteroid Families eds. Y.Kozai, R.P.Binzel, T.Hirayama, Astron. Soc. Pacific Confer. Series Vol. 63, pp. 186–191 (1994).

23. *Borovicka J.* Properties of meteoroids from different classes of parent bodies In: Near Earth Objects, our Celestial Neighbors: Opportunity and Risk (eds.: G.B. Valsecchi and D. Vokrouhlicky), Cambridge Univ. Press. Proceedings IAU Symposium No. 236, pp. 107–120 (2007).

24. *Ceplecha Z., Borovicka J., Elford G.W., ReVelle D.O., Hawkes R.L., Porubcan V., Simek M.* Meteor phenomena and bodies *Space Sci. Rev..* 84, 327–471 (1998)

25. *Drummond, J. D.*, 1981. A test of comet and meteor shower associations. Icarus 45, 545 – 553.

26. *Gajdoš Š., Porubčan V.* Bolide meteor streams // Dynamics of populations of planetary systems / Eds., Knežević Z. and Milani A. Proc. of the 197th Coll. of the IAU. Belgrade, Serbia and Montenegro. Aug. 31 – Sept. 4, 2004. Cambridge University Press, 2005. P. 393 - 398.

27. *Ipatov S.I., Mather J.C.* Migration of small bodies and dust to the terrestrial planets // Dynamics of populations of planetary systems / Eds., Knežević Z. and Milani A. Proc. of the 197th Coll. of the International Astronomical Union. Belgrade, Serbia and Montenegro. Aug. 31 – Sept. 4, 2004. Cambridge University Press, 2005. P. 399 - 404.

28. *Klačka, J., 1999.* Meteor streams and parent bodies. arXiv: astro-ph/9910044v1 4 Oct 1999.

29. *Koten P., Borovicka J., Spurny P., Evans S., Stork R., Elliott A.* Double station and spectroscopic observations of the Quadrantid meteor shower and the implications for its parent body *Mon. Not. R. Astron. Soc.* 366, 1367–1372 (2006).

30. *Ryabova, G.O.,* 1999. The age of the Geminid meteoroid stream (review). Astronomicheskii Vestnik (Solar System Research). V. 33. № 3., 258 – 273.

31. *Ryabova G.O.* On the dynamical consequences of the Poynting-Robertson drag caused by solar wind // Dynamics of populations of planetary systems / Eds., Knežević Z. and Milani A. Proc. of the 197th Coll. of the IAU. Belgrade, Serbia and Montenegro. Aug. 31 – Sept. 4, 2004. Cambridge University Press, 2005. P. 411 - 414.

32. *Southworth, R. B. and Hawkings, G. S.,* (1963). Statistics of meteor streams. Smithson. Contrib. Astrophys. 7, 261-285.

33. *Spurny P., Borovicka J.* Detection of a high density meteoroid on cometary orbit In: Evolution and source regions of asteroids and comets. eds: J. Svoren, E.M. Pittich, H. Rickman. Astron. Inst., Slovak Acad. Sci.,Tatranská Lomnica, IAU Coll. 173, pp. 163–

34. *Tikhomirova E.N.* The influence of elementary particles at meteor particles' motion // Abstr. of the 39-th Lunar-Planetary Science Conference (Houston, USA, March, 2008). Houston: LPI, 2008. publish@lpi.usra.edu Abstr. №1050.

35. *Tikhomirova, E. N.,* 2009. To the problem of meteor streams and comets relationship. Abstr. Of the 40-th Lunar-Planetary Science Conference. Houston: LPI. http://adsabs.harvard.edu., Abstr. № 1087.

36. *Vokrouhlický D., Brož M., Bottke W.F., Nesvorný D., Morbidelly A.* Non-gravitational perturbations and evolution of the asteroid main belt // Dynamics of populations of planetary systems / Eds., Knežević Z. and Milani A. Proc. of the 197th Coll. of the IAU. Belgrade, Serbia and Montenegro. Aug. 31 – Sept. 4, 2004. Cambridge University Press, 2005. P. 145 - 156.

37. Watanabe, J.- I., 2004. Meteor streams and comets. Earth, Moon, and Planets. V. 95, 49-61.

38. *Whipple F.L.* A Comet Model. I // Astrophys. J. 1950. Vol. 111; II - 1951. Vol. 113; III - 1955. Vol. 121.

39. *Wyatt S. P., Jr., Whipple F. L.* The Poynting-Robertson effect on meteor orbits // Astrophys. J. 111 / Harvard College Observatory, 1950. P. 134 – 141.